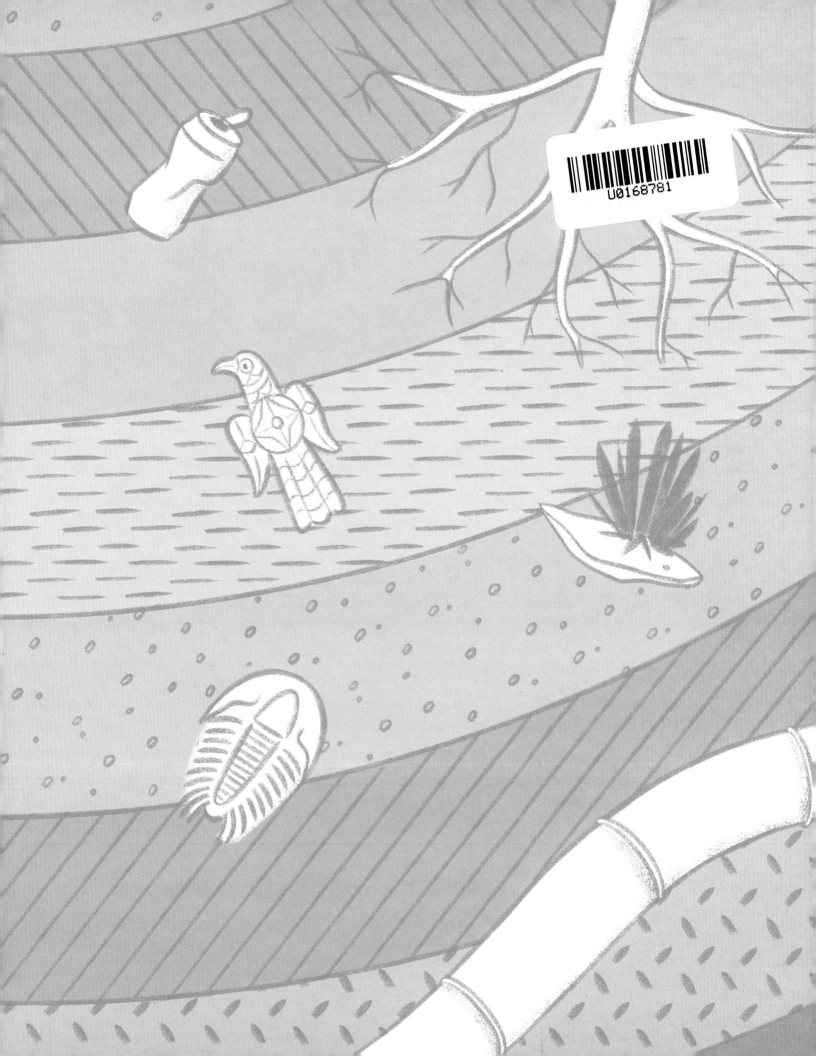

本书属于

_ _ _ _ _ _ _ _ _ _ _ _ _ _ _ _ _

致我的家人与朋友。

谨将此书献给探索深处世界的人，特别是致力于保护它的人。

——杰斯·麦吉辛

在此向为本书投入宝贵时间和专业知识的凯瑟琳·惠勒博士、海泽尔·理查兹、米莉·麦克唐纳、乔安娜·西姆金博士、汤姆·梅博士、戴安娜·布雷、卡罗琳·福斯特以及艾丽斯·萨瑟兰-霍斯致以深深的谢意。

深度

潜入隐藏的世界

[澳]杰斯·麦吉辛/著绘　景飞鹏/译

中国出版集团

中译出版社

著作权合同登记号：图字 01-2022-4846 号

图书在版编目（CIP）数据

深度 ：潜入隐藏的世界 /（澳）杰斯·麦吉辛著、绘；景飞鹏译 . -- 北京：中译出版社，2023.10
书名原文：Deep
ISBN 978-7-5001-7379-3

I. ①深… II. ①杰… ②景… III. ①地球—普及读物 IV. ① P183-49

中国国家版本馆 CIP 数据核字（2023）第 055566 号

深度：潜入隐藏的世界
SHENDU QIANRU YINCANG DE SHIJIE

策划编辑：封裕　　　责任编辑：封裕　　　营销编辑：靳佳奇　王宇
封面设计：璞茜设计　　内文设计：书情文化

出版发行：中译出版社
地　　址：北京市西城区新街口外大街 28 号普天德胜大厦主楼 228
邮　　编：100088
电　　话：（010）68359827，68359303（发行部）；（010）62058346（编辑部）
电子邮箱：book@ctph.com.cn
网　　址：http://www.ctph.com.cn

印　　刷：北京中科印刷有限公司　　规　　格：710 毫米 ×1000 毫米　1/16
字　　数：50 千字　　　　　　　　印　　张：4
版　　次：2023 年 10 月第 1 版　　印　　次：2023 年 10 月第 1 次

ISBN 978-7-5001-7379-3　　　　　定　　价：78.00 元

版权所有　侵权必究
中 译 出 版 社

目录

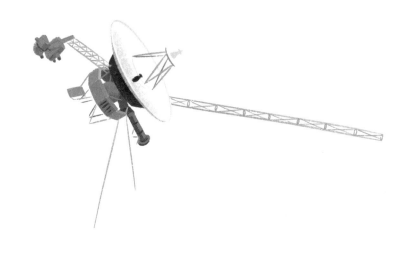

欢迎来到深处世界

你可曾好奇我们太阳系的边界之外还有什么？

在阳光都照不到的冰冷海底又有什么？

让我们来一场深度之旅吧，但要当心，

这里的状况可不太寻常——温度极端，压力巨大，还有无边的黑暗。

尽管这些地方看起来遥不可及，但我们的所作所为依然影响着它们。

你吃下的午餐会影响肠道深处上万亿的微生物。

我们丢弃的塑料垃圾在海底的最深处被发现。

从地下发掘出的线索，让我们得以了解先人的故事。

关于这些隐秘的世界，我们略知一二，

但还有更多的是我们不知道的。

所以，你还在等什么？快来探索深处的奥秘吧……

1

日光区

暮光区

200米到1000米深

在日光区的温暖水流之下，便是暮光区。这片水域寒冷昏暗，是躲避海鸟等表层捕食者的好地方。但别忘了，这里也有虎视眈眈的猎手。

午夜区

1000米到4000米深

从1000米深处往下，视野变得无比昏暗，但并非漆黑一片——如果你远远地看见一道诡异的光芒，那可能是什么东西在发光。有些生物一辈子都生活在这片黑暗之中，而另一些，比如抹香鲸，只是来这儿串门的。

深渊区

4000米到6000米深

深渊区的生活很艰难。高压和低温意味着这里的生物必须适应极端环境。由于食物稀缺，如果想要找点儿吃的，最好先保证有足够大的嘴巴能把食物一口吞下。

海洋深处

屏住呼吸，潜入海洋的最深处。不要担心自己是否漂亮——在深海，重要的是活下来。由于海水压力过大且光线极少，生活在这里的动物们都经历了独特的进化过程。

超深渊区

6000米到10000多米深

海底最深的地方是哪里？海沟。这些深海凹地里生活着世界上最奇特的生物。只有极少数的人曾到过这样深的海底。它的黑暗之中藏着许多秘密。

深海烟囱

当冰冷的海水渗入海底的缝隙后，会被地下的熔岩加热。热液上涌喷出，与冰冷的海水相遇，矿物质从中析出，形成了滚滚浓烟。海底烟囱附近生活着一个密集的生物群落，其中包括大砗磲和巨型管虫。

3

深海巨物

这并不是你的错觉，深海的东西的确会大许多。巨型化是深海动物的一种特征，意味着动物会长得巨大无比。人们认为这是它们适应低温、缺氧和食物短缺的一种方式。其中一些动物，比如大王乌贼，可以长到14米长！

神话传说

水手的故事激发了无数关于"海怪"的神话传说，那可能是一种类似乌贼的巨型生物。很多人将它描绘成可怕的敌人，但事实上大王乌贼[①]对你毫无威胁（除非你是一条深海鱼）。

皇带鱼

线口鳗

奇特的生命

巨型管虫

大多数生物都通过阳光获取能量——但巨型管虫不然，这些奇特的动物依靠深海烟囱存活。它们体内的细菌将热液中的化学物质转化为巨型管虫的营养，而巨型管虫也为这些细菌提供了栖身之所。

大王具足虫

① 大王乌贼：实际是一种鱿鱼，并不是乌贼，又称"大王鱿"。

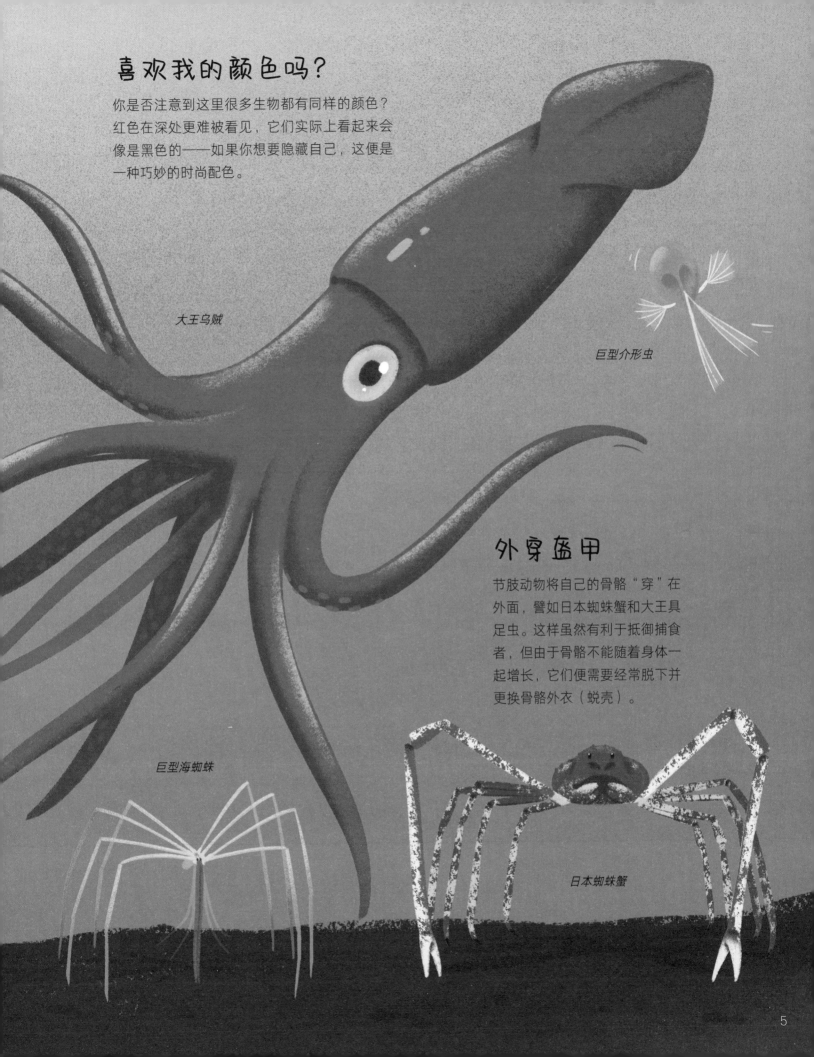

喜欢我的颜色吗？

你是否注意到这里很多生物都有同样的颜色？红色在深处更难被看见，它们实际上看起来会像是黑色的——如果你想要隐藏自己，这便是一种巧妙的时尚配色。

大王乌贼

巨型介形虫

外穿盔甲

节肢动物将自己的骨骼"穿"在外面，譬如日本蜘蛛蟹和大王具足虫。这样虽然有利于抵御捕食者，但由于骨骼不能随着身体一起增长，它们便需要经常脱下并更换骨骼外衣（蜕壳）。

巨型海蜘蛛

日本蜘蛛蟹

这下面有点儿奇怪

越往深处，越是千奇百怪。深海生物已经适应了黑暗中的生活，在
这里，它们的首要目标就是找到食物，或避免成为食物。不想被看
见？那就试试像银斧鱼一样长出镜面皮肤，根据海面上透过的光线
来改变身体亮度。想要吸引猎物？可以像鮟鱇鱼那样自己发光。

栉水母

无脊但正好

没有脊柱的动物被称为"无脊椎
动物"，这在深海是一种实用的
属性。玻璃乌贼可以用海水使自
己变大，让它们在掠食者面前显
得更具威力。它们甚至会运用喷
射式推进来快速逃跑——嗖！

玻璃乌贼

烟花水母

宝石乌贼

光芒"万丈"深？

既然阳光照不进最深的海底，为什么
不自己发光呢？这个过程叫作"生物
发光"。有些深海鱼用光吸引猎物，
还有些则用光来掩饰自己的体形。

银斧鱼

鞭冠鱼

灯笼鱼

把嘴张大

别让小嘴妨碍了享用大餐。一些深海鱼的下颌开合灵活，因此可以将猎物整个吞下。还有些鱼牙齿很长，使得它们永远无法完全闭上嘴巴。

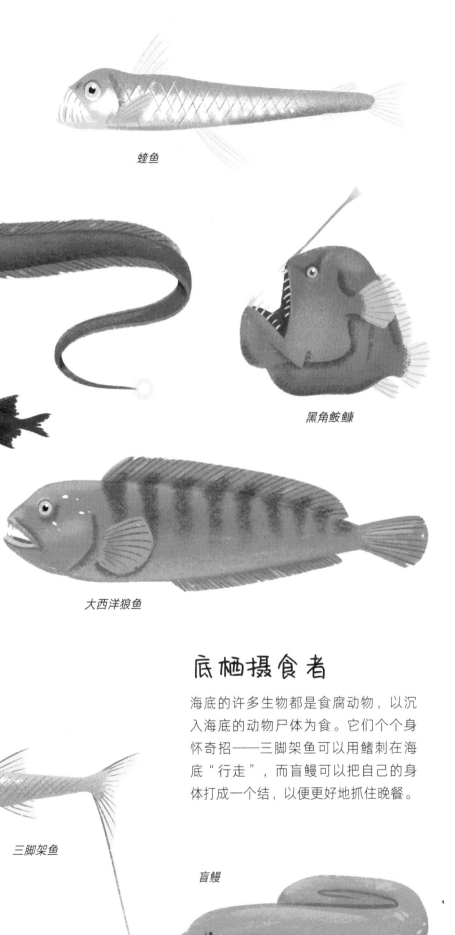

蝰鱼

鹈鹕鳗

黑角鮟鱇

黑软颌鱼

大西洋狼鱼

尖牙鱼

底栖摄食者

海底的许多生物都是食腐动物，以沉入海底的动物尸体为食。它们个个身怀奇招——三脚架鱼可以用鳍刺在海底"行走"，而盲鳗可以把自己的身体打成一个结，以便更好地抓住晚餐。

小飞象章鱼

三脚架鱼

盲鳗

海底世界

从大陆架一路往下，跨越深邃海沟，我们来到了深海平原。你不一定会看到辽阔的海藻森林或海底火山，但你一定会发现人类对海洋的影响。

地上来客

人类制造了深潜器以承受巨大的水压，并搭乘它一路潜入海底。有些深潜器还装配了机械臂，来探查发现到的物体。

失落的宝藏

在过去的几个世纪里，如果想把财宝运到远方，你就得用船。而如果船只不幸沉没，你的财宝可能就此隐匿海底。据说，西班牙黄金、罗马雕像、真实的海盗战利品都曾在海底被发现，如果这些事都是真的，那海里还藏着更多遗失的宝藏。

遭遇海难

海底散落着遇难船只的残骸。有的是因为遭遇了不幸的意外，有的则是在战斗中被击沉。沉船留下的蛛丝马迹，可以让我们了解是谁建造了它，谁又乘坐过它，以及它最后的一段航程。有时它也会成为鱼类舒适的家。

垃圾成堆

海底最常见的景观之一就是垃圾。在海床上和深海居民的体内都曾发现过微塑料（塑料袋和塑料瓶等制品的微小碎片），甚至在世界最深的马里亚纳海沟也发现过塑料垃圾。

林下层

越往下，光线越昏暗。林下层是冠层下方较小的树和幼龄植株所构成的中间植物层，这里的树叶长得更大，以便吸收仅剩的些许阳光。等你的眼睛适应了昏暗，你可能会察觉到缠绕在树上的蛇，或者远处有着斑点皮毛的身影。

地面表层

森林的地表覆盖着厚厚的腐烂树叶、水果和种子。它们提供的营养物质是真菌、蠕虫和昆虫的绝佳食物。你也许会看到白唇西猯①这样的地表居民，它们成群踏过的地方会使土壤变得松散，有助于新的植物生长。

①　百唇西猯：一种野猪。

冠层

冠层是由森林中林木树冠所构成的稠密顶层，是森林的屋顶。大量的鸟类、猴子和昆虫等都以此为家，生活在冠层茂密的枝叶之中。它们有的在林间飞蹿而过，而有的——比如三趾树懒——则喜欢不慌不忙地品尝细枝嫩叶，然后睡上一个漫长的午觉。

森林深处

欢迎来到亚马孙雨林深处，这里只有少许阳光从冠层的间隙流淌下来。阴暗潮湿的环境里生机盎然，既有微乎其微的小昆虫，也有大型的捕食者。虽然这里看起来危机四伏，但它对我们的星球却至关重要。

河流沿岸

亚马孙河蜿蜒流过雨林的中心。巨大的水蟒和黑凯门鳄生活在河岸边，淡水中还游动着食人鱼，甚至是粉色海豚。

日与夜

如果你想引人注目，去丛林就对了。五颜六色的鸟儿、调皮的猴子和鲜明亮丽的箭毒蛙都喜欢炫耀自己——有的是为了求偶，有的则是一种警告。

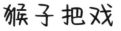
皇狨猴

吼猴

猴子把戏

丛林是个吵闹的地方。如果你听到大声的咆哮，那可能是吼猴在保卫它的领地。如果你听到尖锐的呼啸，则可能是皇狨猴在呼朋唤友。

麝雉

翠鸟

百鸟同林

亚马孙雨林中的鸟类已超过1500种。有的鸟色彩华丽，有的鸟长着功能强大的喙，还有的鸟……有口臭！麝雉的消化方式是让食物在胃内缓慢发酵，因此会产生刺鼻的恶臭。但谁能不爱麝雉那样的发型呢？

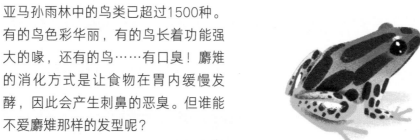
箭毒蛙

貘

可以看，但不要碰

丛林里有很多东西你并不会想靠得太近。箭毒蛙虽然外表华丽，但它们鲜亮的色彩似乎是在说："我很危险，离我远点儿。"也不要接受蟒蛇的拥抱，它们可能勒得有点儿紧。

夜幕降临了，但别指望能睡个饱觉。昆虫的嗡鸣响彻树丛，而丛林猫的低吼也在提醒着你并非孤身一人。

吸血蝙蝠

林鸱（línchī）

大眼视角

如果你发现林下灌丛里有一双大眼睛在看着你，那可能是在夜间活动的夜猴或是奇特的林鸱。它们都长着超大的眼睛，以便在森林漆黑的夜晚也能看见东西。

夜猴

美洲豹

潜伏的捕食者

黎明和黄昏是丛林中的危险时刻。这时美洲豹在河岸边徘徊，寻找着美味佳肴，但不要认为在河中就容易逃脱——因为它们也是优秀的游泳健将。

狼蛛

亚马孙巨人食鸟蛛

绿森蚺

巨型犰狳

千万分之一

如果你看见一排树叶在丛林里蜿蜒前进，那也许是一队切叶蚁正在将他们的战利品搬运回家。这些神奇的昆虫居住在蔓延开来的地下巢穴中，群落中的蚂蚁数量可多达1000万只。每一只蚂蚁各司其职，不同的体形对应不同的工作。

觅食蚁

切割与搬运

觅食蚁在森林中探索并寻找着新鲜的叶子。一旦找到合适的目标，他们就会用振动的颚将叶子切成小块，运回蚁穴。切叶蚁可以搬运超过自身体重50倍的物体！

园丁蚁

真菌园

真菌农夫

切叶蚁并不会将采集的叶子真的吃掉。园丁蚁将叶子嚼碎后种入地下农场，一种特殊的真菌便开始生长出来，其成熟后，园丁蚁将真菌喂给幼虫食用，这时它们又扮演着保姆的角色。

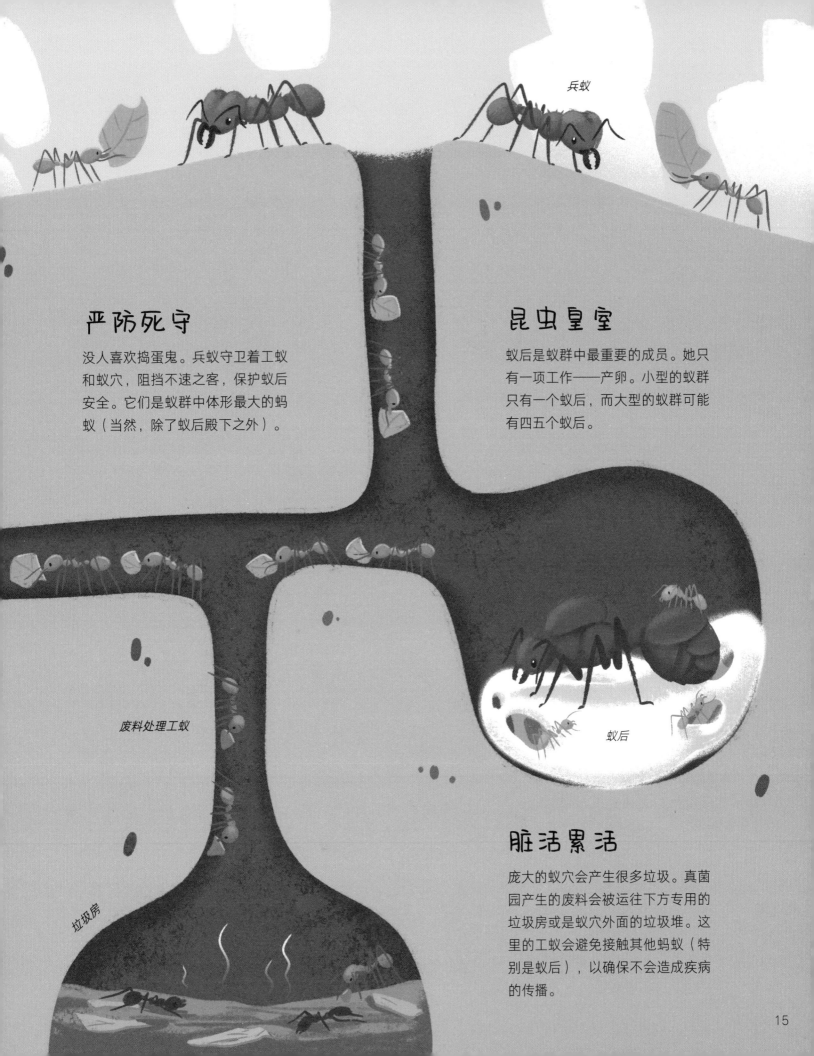

兵蚁

严防死守

没人喜欢捣蛋鬼。兵蚁守卫着工蚁和蚁穴，阻挡不速之客，保护蚁后安全。它们是蚁群中体形最大的蚂蚁（当然，除了蚁后殿下之外）。

昆虫皇室

蚁后是蚁群中最重要的成员。她只有一项工作——产卵。小型的蚁群只有一个蚁后，而大型的蚁群可能有四五个蚁后。

废料处理工蚁

蚁后

垃圾房

脏活累活

庞大的蚁穴会产生很多垃圾。真菌园产生的废料会被运往下方专用的垃圾房或是蚁穴外面的垃圾堆。这里的工蚁会避免接触其他蚂蚁（特别是蚁后），以确保不会造成疾病的传播。

15

地勤队员

森林的地表生机勃勃。真菌依靠营养丰富的落叶生存，阴暗、潮湿的地表层便成为它们的理想家园。数千种昆虫也生活在此，你也许会看到其中的一部分，但要看仔细了——有些是伪装的！

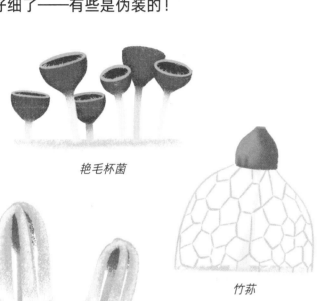

艳毛杯菌

竹荪

柱状拱门菌

虫草菌

蓝杯伞[1]

红笼头菌

神奇的真菌

雨林里有成千上万种真菌，每一种都身怀一技之长。鬼笔菌可散发出可怕的气味，地星真菌会呈星状裂开，而荧光小菇能在黑暗中发光。

红平菇

荧光小菇

尖顶地星

"僵尸"制造者

谁说没有"僵尸"？一些虫草菌释放的孢子可以感染蚂蚁并控制它们的行为，让他们离开蚁穴，找到一个合适的地方供真菌生长。遗憾的是，蚂蚁无法在这个过程中活下来。

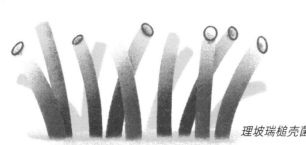

理坡瑞槌壳菌

锁瑚菌

---

① 蓝杯伞：原文为Clitocybula azurea，这种真菌在国内尚未见报道，无中文名称，因Clitocybula指小杯伞属，结合azurea的蓝色之意，故暂译为"蓝杯伞"。

16

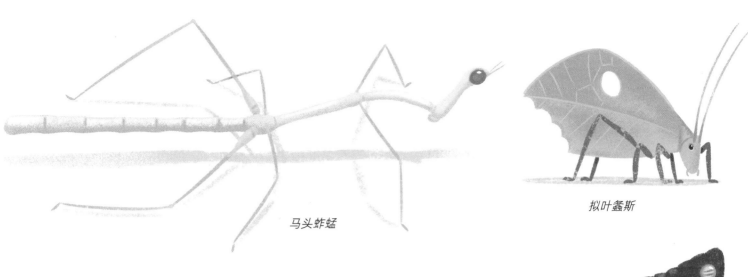
马头蚱蜢

拟叶螽斯

现在你看到我了

有时候，避免被吃掉的最好办法就是不要被一眼认出来。马头蚱蜢扮成的树枝惟妙惟肖，拟叶螽斯更是擅长伪装艺术，翅膀上甚至长着透明的"小洞（翅痣）"——活像一片烂掉的叶子。

提灯虫

叶蝉若虫

独角仙

实际尺寸

你不需要用显微镜就能看见这些家伙。泰坦甲虫可以长到16厘米，而亚马孙巨人蜈蚣可以长到30厘米，但要小心：这种蜈蚣有毒。

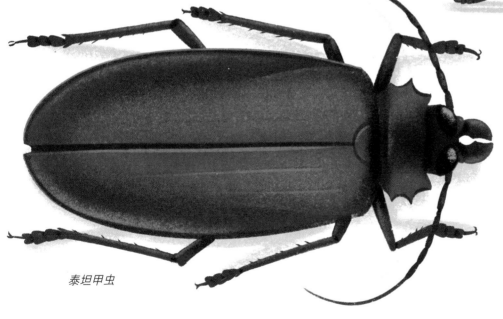
泰坦甲虫

亚马孙巨人蜈蚣

地幔

地幔由氧、镁、硅等元素组成，高温较高。但地幔内部温度差异极大，上地幔顶部的温度低到足以支撑地壳稳定，但往下，半熔化的岩石正绕着地球缓慢移动，嘶嘶作响。

外核

外核的物质具有更强的流动性，液态的铁和镍随着地球的自转而流动。有学者认为，我们星球磁场的产生就与这个运动过程有关。

内核

我们地球的中心是一颗灼热的金属球。据推测，它主要由固态铁镍构成。这里的温度可达到5000 ℃。

地壳

谁说地壳是最没劲的部分？地壳和上地幔顶部共同构成了我们所栖息的坚硬外壳——岩石圈。比起其他圈层，地壳非常薄，但正是它将土壤和海洋维持在地表，并将（大部分）岩浆挡在了地下。

大地深处

如果地球是一块蛋糕，那它一定不会好吃。中心被烤过头了，夹层又烫又黏，外皮不仅坚硬无比，还满是裂缝。就算它不把你的牙齿磕坏，也会把你的舌头烫伤。但作为一颗行星，地球可谓杰作。让我们深入地下，去看看那里藏着什么秘密。

火山

地球也会长"青春痘"。当岩浆冲破地壳喷射出来，便会形成火山。火山常出现在板块交界处，因为这些组成地壳的"拼图碎片"会互相碰撞或慢慢分离。

隐秘的宝藏

地表下方有巨大的热量和压力，这两样东西是形成岩石和矿物的完美条件。你能想到的形状、颜色和大小它们都有，其用途都很广泛。

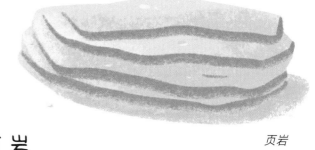

成岩

当一种或多种造岩矿物积聚到一起时，在一定地质作用下就会形成岩石，主要的情形包括：熔岩或岩浆冷却（火成岩），成层堆积的松散沉积物固结（沉积岩），一种岩石在热和压力的作用下变为另一种新的岩石（变质岩）。

页岩

蛋白石

浮石

黑曜石

硫黄

辉锑矿

形状万千

矿物由不同的元素组成，而绝大多数的矿物都会形成晶体——有的呈立方体，有的尖锐如针，还有的小到看不见。

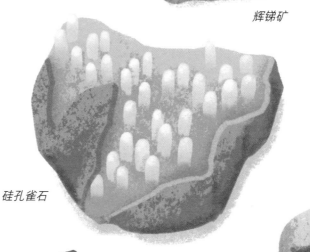

硅孔雀石

铬铅矿

方铅矿

菱锰矿

绒铜矿

铋（晶体）

朱砂

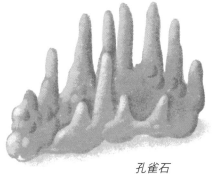

孔雀石

绿柱石

斑铜矿

"矿"世名画

人类将矿物磨成颜料使用已有数万年的历史。古埃及人曾用鲜绿色的孔雀石为墓室的墙壁绘画，亮蓝色的蓝铜矿则是中世纪艺术家们的最爱，甚至我们今天生产的烟花仍在使用不同的矿物进行配色。

金红石

蓝铜矿

紫水晶

黄铁矿

铜（晶体）

贪婪的开采

一些矿物和金属用到手机和电脑中，让很多人受益，但我们的开采方式可能会对环境造成巨大的破坏。贪婪的开采会对当地社会和我们所有人赖以生存的土地造成不良影响，这也是不公平的。

赤铁矿

洞穴

现在你已经深入一处地下洞穴，是一名洞穴探险者了。经过数千年的时间，水将岩石溶解，形成了新的空间。洞穴通常是在石灰岩中形成的，但也会在冰川中出现或因熔岩流而形成。想要发现神奇生物或者历史故事，洞穴是最佳的去处。

钟乳石

石笋

肖维岩洞壁画

墙 上 的 故 事

洞穴里留存着过往的痕迹。我们可以在洞穴的墙壁上找到祖先最早的手印，这为了解他们的生活方式提供了线索。在法国肖维岩洞等处，人们发现了内容详尽的赭石壁画，这证明早期的艺术家已经认识野牛、熊和大型猫科动物。

钟乳石还是石笋？

水从地表渗入洞穴时，携带着溶解的矿物质——碳酸氢钙。水从洞顶上滴下来时，随着水分蒸发和二氧化碳逸出，水中析出的碳酸钙会慢慢形成倒锥形的钟乳石，垂在洞穴顶部。而当水滴落到地面，碳酸钙逐渐堆积，就形成了石笋。

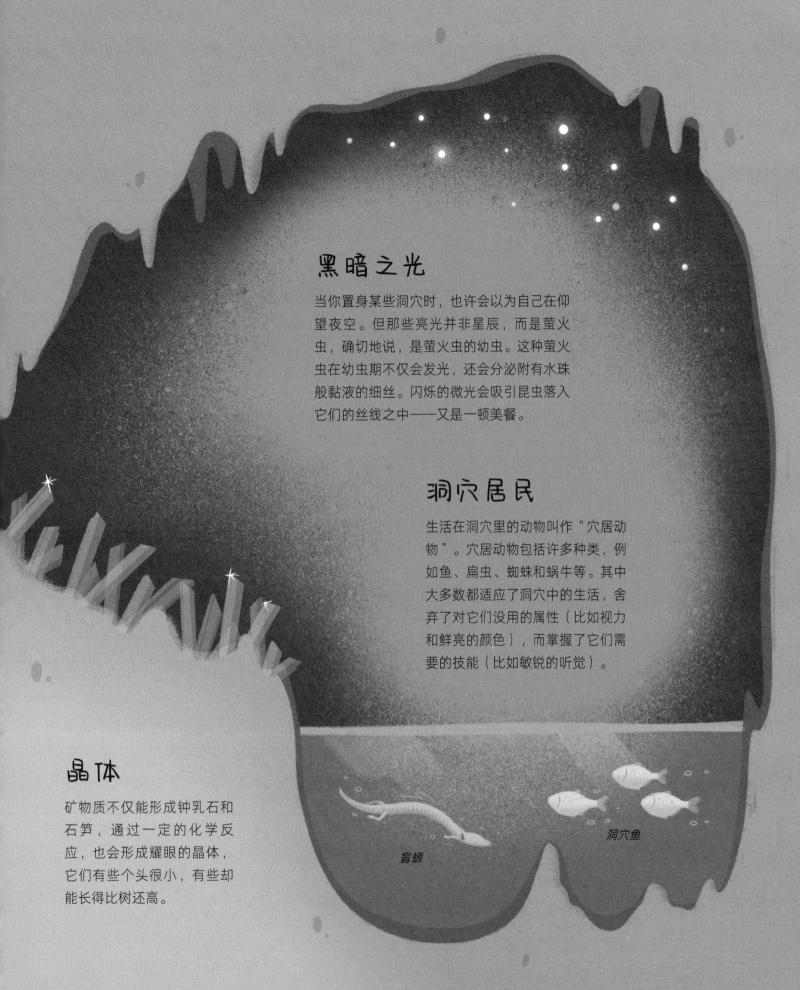

黑暗之光

当你置身某些洞穴时，也许会以为自己在仰望夜空。但那些亮光并非星辰，而是萤火虫，确切地说，是萤火虫的幼虫。这种萤火虫在幼虫期不仅会发光，还会分泌附有水珠般黏液的细丝。闪烁的微光会吸引昆虫落入它们的丝线之中——又是一顿美餐。

洞穴居民

生活在洞穴里的动物叫作"穴居动物"。穴居动物包括许多种类，例如鱼、扁虫、蜘蛛和蜗牛等。其中大多数都适应了洞穴中的生活，舍弃了对它们没用的属性（比如视力和鲜亮的颜色），而掌握了它们需要的技能（比如敏锐的听觉）。

晶体

矿物质不仅能形成钟乳石和石笋，通过一定的化学反应，也会形成耀眼的晶体，它们有些个头很小，有些却能长得比树还高。

盲螈

洞穴鱼

地下美居

如果你曾安然舒适地蜷缩在被子里，你就能想象住在地洞里是什么感觉。这些地下居所不仅冬暖夏凉，还是一个绝佳的藏身之地，可以躲开地上饥肠辘辘的捕食者。

穴鸮

兔子

鼹鼠

狐狸

獾

冬季暖房

獾住的地洞叫作"獾穴"，是度过漫长寒冬的完美居所。和人类的住房一样，獾穴分成不同的房间，有起居室、卧室，甚至还有卫生间。

袋熊

今日高温

地洞是纳凉的好地方。袋熊正在地洞中休息，躲避正午的烈日，而沙漠锄足蟾可以在地洞里待上好几年，只有下雨的时候才出来。

沙漠锄足蟾

兔耳袋狸

幽灵蟹

北澳窜鼠

拥挤的房间

不喜欢和兄弟姐妹睡一间房？那你想想狐獴的感受吧。多达40只的狐獴可以全部住在一个地洞里——好在他们的地下居室有很长的地道网络和几十个入口。

狐獴

25

地下都市

你的脚下有什么？如果你住在城市里，那你的脚下就是一个由蜿蜒隧道、秘密金库和无数管道等组成的迷宫。我们利用地下网络实现人员、水电和废物的远距离运输。当你搭乘地铁或者看到建筑工人在修理断裂的管道时，你也许能窥见地下世界的一角，而它的大部分内容仍隐藏在你的视野之外。

地藏经纬

在你咔嗒一声打开电灯或者拧开水龙头时，你很难想到，即将使用的水电资源是在地下穿越了几百千米才来到身边的。管道和电缆在我们的城市下方纵横交错，但只有出现故障的时候，我们才会注意到它们。

秘密车站

城市发展变迁，下方的地铁隧道也随之改变。如果老的车站不能适配现代列车或是无法容纳足量客流，便可能遭到弃置。在伦敦地下甚至有一条隐秘的铁路，它在过去是专门用来运送邮件的。

安然无恙

有些银行设有地下金库并配有厚重的钢墙，来存放金币和防止窃贼进入。但有些藏在地下的东西比金钱更加珍贵——挪威的一座大型地库里储存着种子样本，以备不时之需。

地下工事

地下工事指修建在地面以下的工事，可用于在重大危难时期保护人员安全。它们具有高度防护性能，是实行撤退和计划下一步行动的理想场所，但希望我们永远都不会用到它们。

下水道

你闻到什么气味了吗？我们来到了下水道——所有被我们冲下来的东西将在这里走完最后一段旅程。下水道是任何一个现代城市的重要组成部分，尽管它看起来有点儿恶心，但你要想想，如果没有下水道，生活会变成什么样子！在过去几个世纪里，有的街道上污水横流，一些人甚至直接往窗外扔垃圾。再想想这里的工人，他们不仅要确保下水道运行通畅，还得躲开老鼠（可能还要躲开短吻鳄）……

下水道观光

19世纪下水道观光活动在巴黎风靡一时。游客们身着华冠丽服，乘坐小船在这个地下王国中穿行。但是请小心脚下！

失物招领

恐龙化石、名贵文物和丢失的财宝都曾在下水道中找到，你甚至还可能发现一只鳄鱼。据说有一只短吻鳄一直在纽约市的下水道系统中游荡。

深入挖掘

在隧道掘进机的帮助下，城市得以不断往下扩张。谁知道我们还会在更深处发现什么呢？

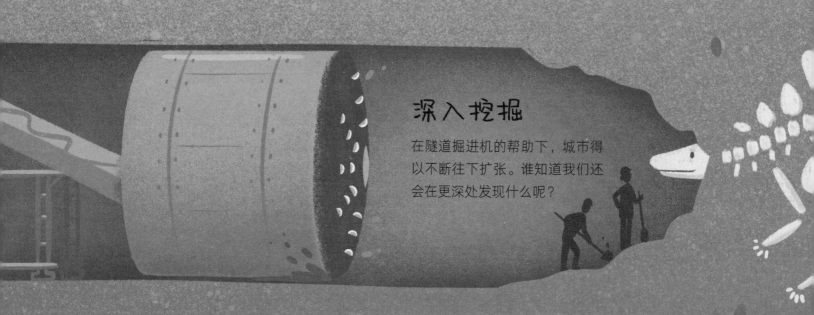

恐怖的墓穴

如果你是罗马帝国的某个重要人物，你就有可能被埋葬在地下墓穴之中。地下墓穴还有一个作用是节省空间：18世纪时，巴黎地面上的公墓几乎全被占满，死者便被转移至城市下方长达数千米的地下墓群。

前方高能：油脂块出没！

被我们冲入下水道的大多数东西都可以生物降解，会分解掉。但湿巾不会，它们和油脂凝结在一起，可形成巨大的油脂块，漂浮在下水道中，造成巨大隐患。

29

深埋的秘密

我们对过去的认知，很多都来源于从地下挖出来的东西。金银珠宝彰显着国王和王后的荣耀，而钱币和日用品更能反映平民百姓的生活——古时的生活和我们现在的相比，有多不一样呢？

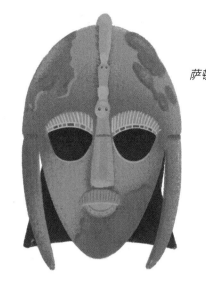

萨顿胡头盔

兵马俑

生与死

奥斯伯格号维京船

在某些文化中，人们会将一些物品和逝者一起入葬。华丽的盔甲、维京长船，甚至整个兵马俑部队，都留给了他们的战士或君王，以伴其死后的旅程。

鹰形胸针

路易斯西洋棋

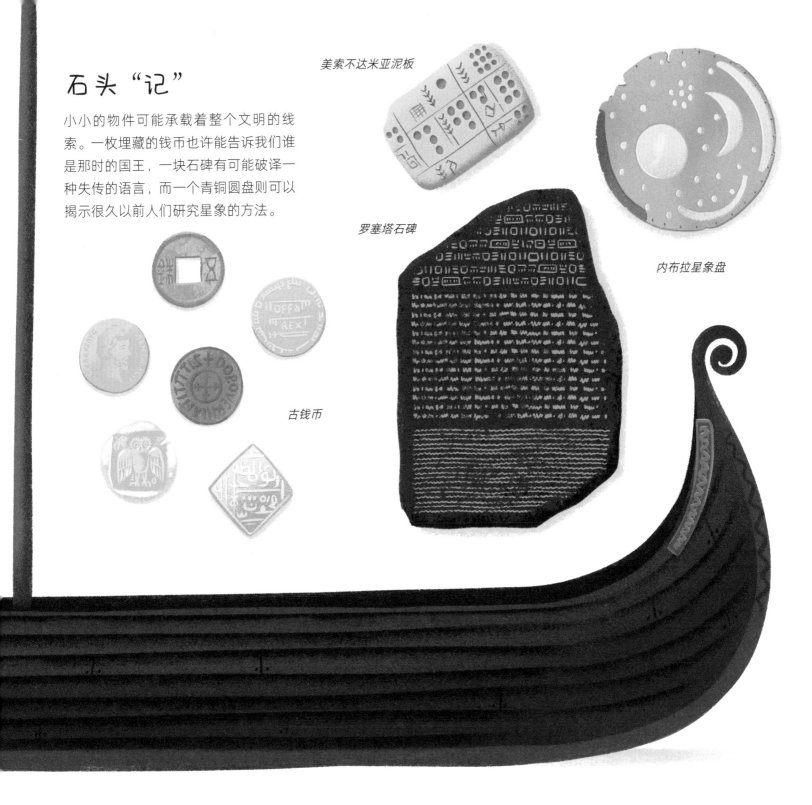

石头"记"

小小的物件可能承载着整个文明的线索。一枚埋藏的钱币也许能告诉我们谁是那时的国王，一块石碑有可能破译一种失传的语言，而一个青铜圆盘则可以揭示很久以前人们研究星象的方法。

美索不达米亚泥板

罗塞塔石碑

内布拉星象盘

古钱币

埃及木棺

谁找到就是谁的？

过去的物件属于谁？文物出土的时候，可能很少人会这样问——其实很多文物归国家所有。现在有些文物保存于博物馆中，每个人都能观赏学习，还有一些则由个人收藏起来，而这很可能是他们的先人遗留下来的。

2.生命启程

古生代
5.42亿年前至2.52亿年前

随着大陆板块漂移，水下的生命形式开始变得复杂。类蠕虫进化后以海洋中的细菌为食，随后出现了三叶虫等节肢动物。蕨类植物和裸子植物也开始出现，同时鱼类进化，并决定到陆地上试一试。

1.火热的开端

前寒武纪
地球诞生至5.42亿年前

地球在诞生之初的几十亿年里可不是什么好地方。最初，地球上烈火燎原，炽热的地表极易发生火山喷发或受到小行星撞击。随着大气中的水蒸气转化为降水，地表才开始慢慢冷却，并形成了最初的海洋。幸运的是，细菌出现了，成为生命最初的萌芽。

3.路遇坎坷

二叠纪跨向三叠纪
2.52亿年前

生命正蓬勃发展的时候，灭顶之灾却从天而降。古生代以一场大规模的生物大灭绝事件收尾，地球上几乎所有的生命就此终结。现在我们仍不清楚灭绝事件的原因，但据推测，有可能是小行星撞击地球所致。

5.哺乳动物上场

新生代
6600万年前至今

恐龙灭绝后，就轮到哺乳动物"闪亮登场"了。盘古大陆的碎片重新排列，形成了现在的大陆结构，同时新物种不断进化，诞生了我们现在所熟知的动物的祖先。

时光深处

你可以把时间想象成一条河。有时候地球上的事物流动缓慢，有时候世界的变化又日新月异。尽管发生过巨大的变动，但到目前为止，生命总有办法让自己奔流不息。

4.爬行动物称霸

中生代
2.52亿年前至6600万年前

生命经历了近千万年的时间才得以复苏。爬行动物逐渐成了天空、陆地和海洋的霸主，比如翼龙、恐龙，以及鱼龙等。超大陆——盘古大陆慢慢分裂。和古生代一样，中生代也在一声巨响中落幕。

6.人类登场

人类世

作为人类，我们的脚趾几乎刚刚触到时间的长河，就激起了巨大的涟漪。我们给地球带来了天翻地覆的变化，因而有些科学家用我们的名义将这个新的世代命名为"人类世"。属于我们的纪元又会持续多久呢？

过去的线索

几千万年前，一只恐龙死了。它的尸体掉进了河里，泥沙将它的骨架覆盖。几千年后，泥土硬化，而骨骼开始溶解，转变为矿物质，矿物质又转变为岩石。这样便形成了化石。如今人们已经发现了保存在岩石、冰块和琥珀中的古代植物、贝壳与昆虫等，它们可以告诉我们很久以前的世界是什么样子。

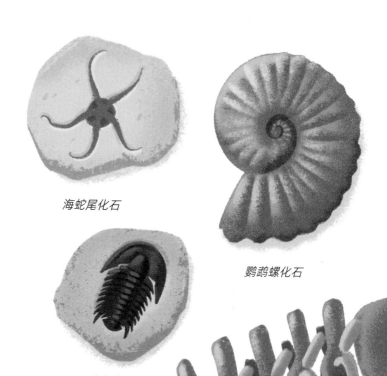

海蛇尾化石

鹦鹉螺化石

三叶虫化石

霸王龙化石

时间定格

通过化石，我们可以获取丰富的信息。沙漠中发现的蕨类植物化石可能来自早期的茂密森林，山上发现的贝壳证明了广袤的大陆曾淹没于海底。化石甚至可以告诉我们这个快速变暖的世界未来会是什么样子。

种子蕨化石

足迹化石

到底吃了啥？

并非所有的化石都是令人惊艳的骨架，变成化石的粪便叫作"粪化石"。这些遗迹化石不仅一点儿都不恶心，而且能够提供丰富的信息，告诉我们排便的主人吃了什么东西。

粪化石

鹦鹉螺
出现于约4.17亿年前

海蛇尾
出现于约4.5亿年前

三叶虫
出现于约5.21亿年前

印象持久

因为硬壳海洋生物的生活环境本就泥泞，所以它们很容易变成化石。三叶虫化石和鹦鹉螺化石是目前发现的最古老的化石，它们揭示了远古海洋生物的模样。

霸王龙爪

霸王龙
出现于约6800万年前

必要的猜想

通过骨架我们能基本了解恐龙的外形，但骨骼能提供的信息依然有限。我们仍不知道恐龙的颜色，以及它们真正的叫声。于是古生物学家会在现代动物身上寻找可供参考的线索。

种子蕨
出现于约3.6亿年前

恐龙粪便

泥脚印

我们留下了什么？

我们脚下的岩层经过几十亿年的时间才形成，而铺满一地垃圾只在顷刻之间。我们热衷于快时尚和新潮玩意儿，也因此产生了不愿面对的大量垃圾。然而，被埋进地下的垃圾会以它们的方式回到上面来。

过时装扮

不少人都爱买便宜货，但代价是什么呢？尼龙一类的廉价面料需要数十年才能降解，而聚酯纤维降解甚至需要几百年。我们的星球不用穿我们的旧衣服就已经很美了。

尼龙
降解需40年左右

橡胶
降解需50年以上

电子垃圾

随着新技术的浪潮漂来的，还有如山的垃圾。如果电子垃圾没有正确回收，有毒的化学物质则可能渗进土壤、空气和水源，危害土地和动物（包括人类）。

电子垃圾
降解可长达100万年

居安思危

你知道全球环境危机与食物浪费也息息相关吗？有机垃圾占据了垃圾填埋场的巨大空间，它们腐烂时会释放温室气体，加剧气候变化。

有机垃圾
降解需1—6个月

铝罐
降解需100年以上

电池
降解需100年以上

普通塑料袋
降解需20年以上

塑料问题

塑料造价便宜，不易破损，经久耐用——但正是因为这些特点，塑料对于地球来说危害极大。塑料垃圾需要几十年甚至数百年的时间才能降解，这个过程中还会释放有害化学物质，并有可能导致野生动物窒息。

塑料牙刷
降解需500年以上

塑料瓶
降解需450年以上

眼不见，心不顺？

人类曾在自己的家园下方埋下了一些非常麻烦的东西。放射性废物是核能生产过程中的副产品，其威胁可以持续几百万年，而我们尚未找到将其永久安全存放的办法。

前路漫漫

我们很容易将时间理解为已经发生的过往，却忘了它还在不断地伸向远方。在你孙子的孙子眼中，世界会是什么样子？他们还能看到这本书中的动物，去这本书里提到的地方吗？

如果我们想把一颗健康的星球留给子孙后代，有一点毋庸置疑——我们需要做出深刻的改变。有一批人正为之努力，而你也可能成为其中的一员。

你在此处

地球是离太阳最近的第三颗行星和太阳系第五大行星。它绕地轴自转一周的时间比24小时短一点点，绕太阳公转一圈的时间比365天长一点点。

遥远的邻居

身处宇宙很容易感到孤单，但要记得我们还有很多友邻。仙女星系是距离我们银河系最近的大型星系，只有220万光年的距离。但如果要去邻居家看看，可得走很久。

宇宙深处

此时此刻，你正绕着一颗燃烧的恒星旋转。还有另外七颗行星、数百颗卫星，以及几百万颗小行星和众多彗星都在做着同样的事。它们都处于银河系的旋臂之中，而银河系本身正在绕着一个超大质量的黑洞旋转。你开始头晕了吗？

柯伊伯带

如果你想离开太阳系，勇闯宇宙深处，你必须穿过柯伊伯带。有学者认为这个冰环是由太阳系形成初期的残余物质组成的，在这里可以发现冥王星这样的矮行星。

我们能看见的

抬头仰望夜空，你能看到什么？运气好的话，你也许能看到太阳系八大行星之一，还有可能看到银河系几千亿颗恒星中的一部分，或是全宇宙上万亿个星系中的一个。或者，你只能看到一个多云的夜空。

↑
太阳方向

水星

金星

月球

地球

火星

生命靓汤

生命这碗靓汤的配方极为复杂。先准备一颗行星，确保它绕行恒星的轨道距离刚好合适（不会太热，也不会太冷），然后加入氧、碳、氢、氮和少许且适量的其他各种元素，再等几十亿年，然后双手合十祈求好运吧。

木星

土星

自带光环

宇宙之大，无奇不有。有的行星表面灼热，被火山覆盖，比如金星；有的行星主要由气体组成，并没有实体的表面，比如木星；有的行星带着一圈由冰块和烁石、粒子组成的光环，比如土星；还有的行星，轨道中环绕着几十个卫星，比如天王星。

天王星

海王星

星系

几亿颗至上千亿颗恒星、尘埃、气体等在引力和暗物质的作用下聚在一起，组成了星系。有的形似旋涡，有的呈椭圆形（卵形），有的呈不规则的斑点状。我们的太阳系就坐落于一个棒旋星系的旋臂之中——它就是银河系。

旋涡星系

椭圆星系

不规则星系

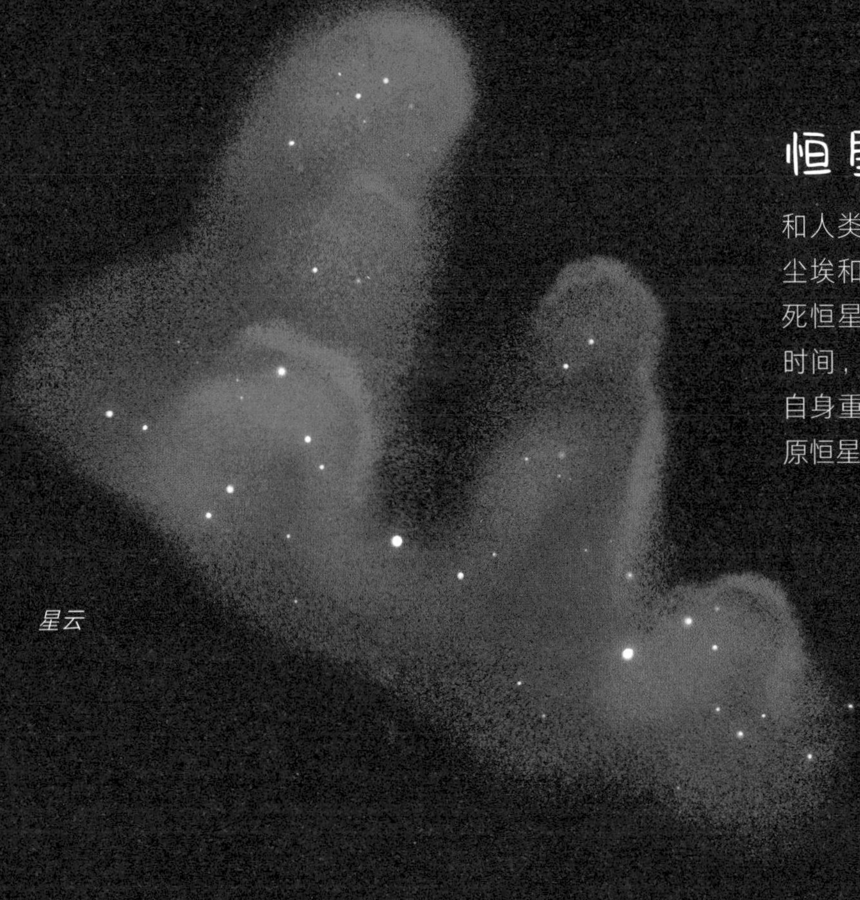

恒星的诞生

和人类一样，恒星也有生死。星云是由尘埃和气体组成的巨大云团，有的是垂死恒星的爆炸形成的。经过几十万年的时间，引力将这些碎片聚拢，直至其在自身重力下坍缩、升温，进而形成新的原恒星。

星云

黑洞

如果濒死的恒星发生坍缩，其物质可能被挤压到一个极小的空间内，由此便会形成一个引力巨大的黑洞，行星甚至光都无法从黑洞的牵引中逃逸。而没有了光，我们也就看不见黑洞内部是什么样子了。

我们看不见的

宇宙大部分是由我们看不见的东西组成的。幸运的是，我们能看见的东西提供了一些线索，让我们得以发现那些看不见的东西。苹果从树上落下，说明有看不见的力在向下牵引。宇宙深处的恒星不断消失，则说明它们的附近可能有个黑洞。

引力

如果没有引力，你和这本书都会飘到天花板上。引力是使物体相互靠近的一种作用力。物体的质量越大，引力就越大。月球绕着地球旋转，地球绕着太阳旋转，都是因为引力的作用。

暗物质

你看见的一切事物都是由极微小的"物质"组成的，而你看不见的东西则可能由极微小的"暗物质"组成。寻找暗物质的过程，就像寻找丢了的袜子——我们知道它肯定藏在什么地方，但就是不能直接看到它。

深八未知领域

如果你曾抬头望月，好奇去月球上参观是怎样的体验，那你的机会可能很快就要来了。半个多世纪以来，人类一直在发射航天器来探索太阳系。而每一次成功（与失败）都让我们对所居住的神奇宇宙多了一分了解。

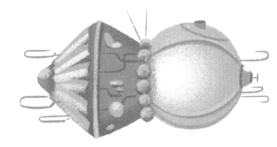

东方号飞船
1960—1963

许多个"一小步"

苏联的"人造卫星1号"，又称"斯普特尼克1号"，是世界上第一个成功绕地飞行的航天器。它引发了各国在载人航天、太空探索，以及之后的登月工程等领域的角逐。

阿波罗号飞船
1966—1972

联盟号飞船
1967年至今

双子星座号飞船
1964—1966

水星号飞船
1959—1963

猎户座号飞船
2014年至今

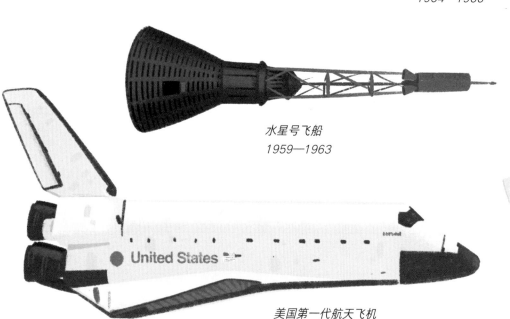

United States

美国第一代航天飞机
1981—2011

驶向深空

说起深空旅行，人类还不能飞出很远，但我们正在朝这个方向努力。猎户座号飞船的设计目的就是为人类在外太空生存提供支持，以期实现到达火星甚至更远处的载人飞行。

神舟飞船
1999年至今

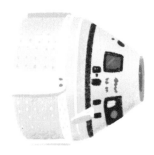

星际客船
2022年至今

四处探查

人类尚不能前往的地方，深空探测器可以替我们先行。虽然它们形状大小各异，但都有着同一个目标——收集信息并将其发回地球。有的探测器用于研究太阳，有的绕行其他行星，有的甚至会在小行星上着陆。

先驱号探测器
飞掠探测哈雷彗星

先驱者6号探测器
曾探测太阳风

新地平线号探测器
飞掠探测冥王星

先驱者10号探测器
飞掠探测木星

朱诺号探测器
现绕行木星

水手10号探测器
飞掠探测水星与金星

伽利略号探测器
曾绕行木星

一路向前

旅行者1号和它的孪生兄弟旅行者2号是目前离地球最远的两个探测器。旅行者1号于1977年发射升空，在飞掠木星和土星之后，它继续向前飞去，到今天一直在飞。现在它已经穿过了柯伊伯带，飞出了太阳系，驶入了星际空间。真是"路曼曼其修远兮"！

罗塞塔号探测器
曾绕行彗星

卡西尼号探测器
曾抵达土星大气层

旅行者1号探测器
现飞行至星际空间

源光谱释义资源安全风化
层辨认探测器
正在小行星上采集样本

大脑

大脑就是你脑袋中这一大团弯曲起伏
的部分。它分为两半，即两个大脑
半球。左脑负责逻辑思维、语言
表达等，比如写作和交谈，右
脑则与想象力和创造力等方面
有关。

小脑

"小脑"的说法源于拉丁语，它
位于大脑下方，主管运动、平衡
以及动作学习。虽然你刚开始骑车
的时候会摔倒，但小脑会确保你最终
能够掌握骑车的要领。

电子高速路

你大脑的部分工作机制有点儿像接力赛跑，接力的运动员是一种叫作"神经元"的细胞，它们将特定的刺激转化为电信号来快速传送信息。数十亿个神经元在你的大脑、脊髓和外周神经之间进行信息传递，指挥着你的躯体。

人体深处

并非一定要潜入海底或深入地下才能找到神奇的生物群或是复杂的线路网——只要看看你自己的身体就够了。每一条神经、每一块肌肉和每一根骨头都有着不同的功能，而大多数时候你甚至不会意识到它们正在尽职地工作着。

做个好梦

你身体的活动虽然在晚间慢了下来，但这并不意味着你大脑的活动也放缓了。睡觉的时候，你的大脑正在忙碌地储存记忆，解决创意问题，以及清除毒素——好让你迎接崭新的一天。

脑干

脑干将大小脑与脊髓连接起来。它肩负着许多重要职责，包括呼吸、消化，以及维持心跳等。

包裹着你的皮肤

你身体最大的器官不是大脑或肺，而是皮肤。这件神奇的"保暖衣"保护你免受极端温度、有害化学物质和细菌的侵害。皮肤中遍布着神经、腺体和毛囊，让你拥有触觉，进行排汗和长出毛发……

肌肤之下

你身体内柔软的部分（器官）被坚硬的部分（骨骼）保护着，神经和血管交织成网，被包裹在肌肉和皮肤之中。每个人的身体都不尽相同，但它们都有着神奇的本领。

秀出你的肌肉

肌肉擅长两件事：收缩与舒张。它牵拉着你的骨骼和血管，使你能跳舞、唱歌、跑马拉松（或者坐下读本书）……肌肉常常成对出现，第一块主动肌（为特定运动提供主要动力的肌肉）必须有对应的拮抗肌进行相反的运动，即主动肌收缩，拮抗肌舒张，两者共同保证动作精准协调。

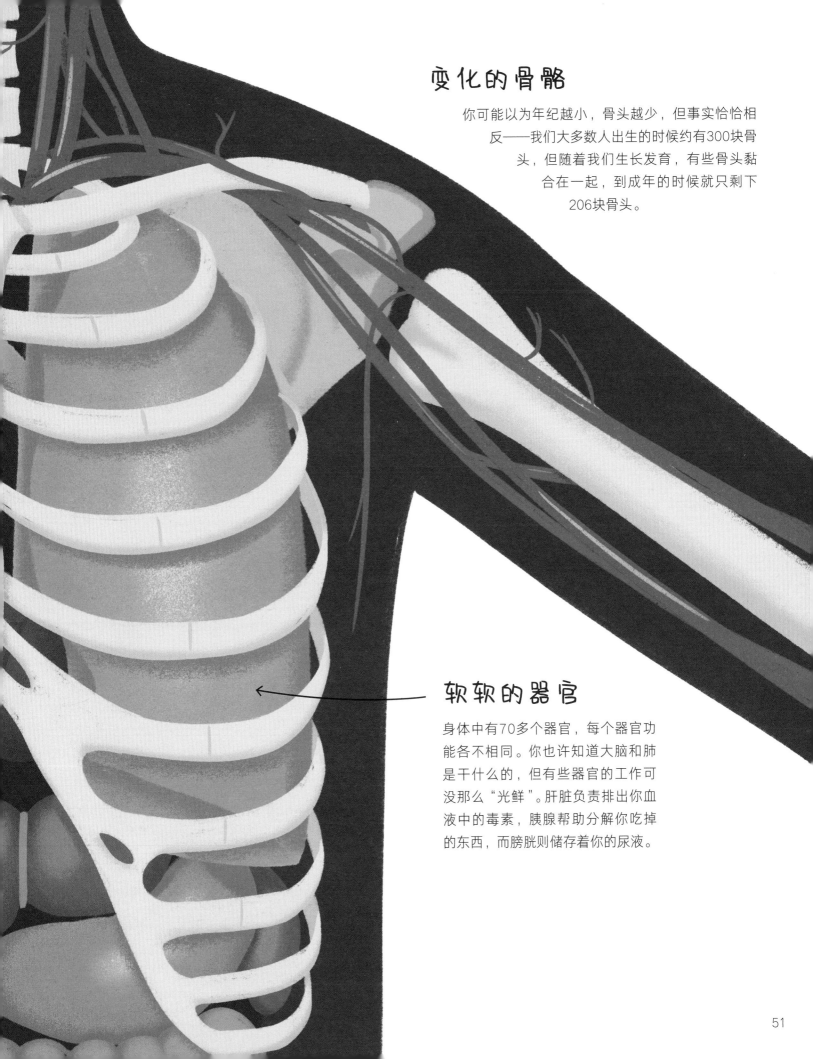

变化的骨骼

你可能以为年纪越小，骨头越少，但事实恰恰相反——我们大多数人出生的时候约有300块骨头，但随着我们生长发育，有些骨头黏合在一起，到成年的时候就只剩下206块骨头。

软软的器官

身体中有70多个器官，每个器官功能各不相同。你也许知道大脑和肺是干什么的，但有些器官的工作可没那么"光鲜"。肝脏负责排出你血液中的毒素，胰腺帮助分解你吃掉的东西，而膀胱则储存着你的尿液。

亿万大军

你的身体里住着上万亿的微型员工。有的要事缠身、忙碌不已，有的却在开心地享用你肠道里的免费食物。还有几个坏家伙混了进来，但别担心，安保队已经开始行动了。

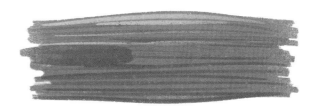
肌肉细胞

生殖细胞
卵子和精子

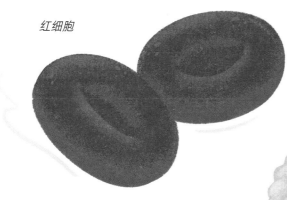
红细胞

皮肤细胞

白细胞

职责所在

所有的生命都由单个或多个细胞组成，而人体中的细胞多达几十万亿个。有的细胞，比如红细胞，可以抵抗感染并将氧输送到身体各处，有的细胞可以长成皮肤，有的细胞修复骨骼，还有的细胞甚至可转化为其他细胞。

脂肪细胞

神经细胞

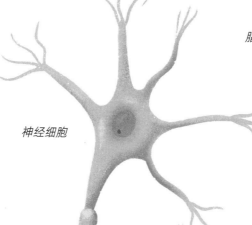

干细胞

骨细胞

细胞交流

细胞一般可通过传递化学信号进行交流，具体的过程多种多样，例如直接相互碰撞或将化学信号释放进血液。

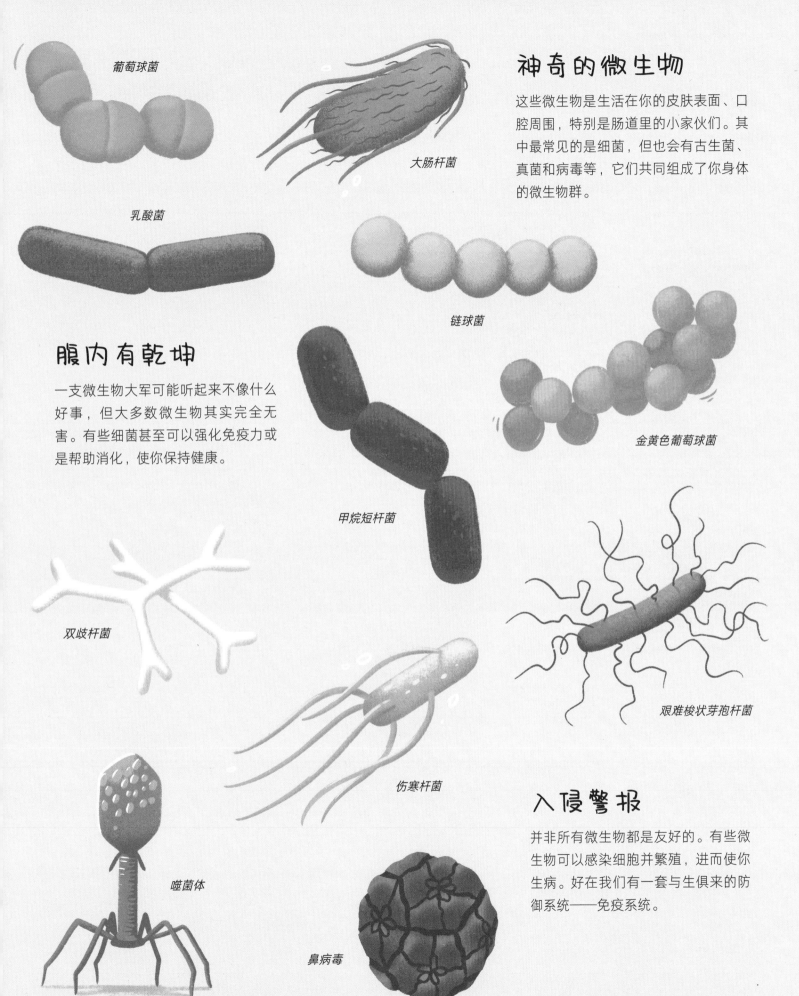

葡萄球菌

大肠杆菌

乳酸菌

链球菌

金黄色葡萄球菌

神奇的微生物

这些微生物是生活在你的皮肤表面、口腔周围，特别是肠道里的小家伙们。其中最常见的是细菌，但也会有古生菌、真菌和病毒等，它们共同组成了你身体的微生物群。

腹内有乾坤

一支微生物大军可能听起来不像什么好事，但大多数微生物其实完全无害。有些细菌甚至可以强化免疫力或是帮助消化，使你保持健康。

甲烷短杆菌

双歧杆菌

艰难梭状芽孢杆菌

伤寒杆菌

噬菌体

鼻病毒

入侵警报

并非所有微生物都是友好的。有些微生物可以感染细胞并繁殖，进而使你生病。好在我们有一套与生俱来的防御系统——免疫系统。

深度关联

即使相隔万里，遥远的深处角落之间仍有许多共同点。
发现这种深度关联能帮助我们认识宇宙，并了解人类如何融入其中。

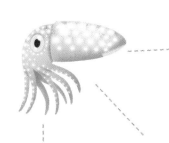

美国国家航空和航天局（NASA）通过研究深海烟囱以探究其他星球上的生命可能是什么样子。

科学家通过研究深海生物以更好地了解我们大脑的工作机制。

你体内的微生物比银河系的星星还要多。

我们大脑中的神经网络看起来很像一张宇宙地图。

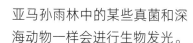

亚马孙雨林中的某些真菌和深海动物一样会进行生物发光。

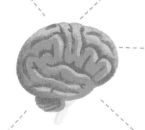

生活在你肠道中的微生物可以影响你的情绪。

科学家发现了自恐龙时代就已存在的微生物。

科学家认为树木会利用化学信号进行交流，这和我们大脑的部分工作机制相似。

我们人类会留下什么化石呢？

有些真菌在恐龙灭绝事件中幸存了下来。

深处求生

深处可能充满危险。这里有一些关于生存与发展的
实用技巧，它们由深处的求生高手提供。

发光

怕黑？别担心，你可以自己发
光。生物发光是有机体使自身
产生光亮的过程，它是一项超
级实用的技能，可用于掩饰外
形和引诱午餐上钩。

长壳

如果你细皮嫩肉，最好长一副盔
甲（外壳）。它是保护柔软内部
器官的妙招。但你得时不时将壳
蜕掉，因为它无法随着你的身体
一起长大。

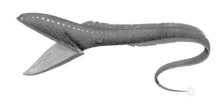

能吃就吃

深处食物稀缺，所以有美味送上
门来的时候，你要确保有一张大
嘴可以把它一口吞下。如果你真
有本事吃到一顿饱餐，记得坐下
来好好休息——消化可得花上好
一阵子。

融为一体

你能装成一根棍子一动不动维
持多长时间？如果你能坚持好
一会儿，也许就能掌握伪装的
技巧。要想避免被吃掉，或者
悄无声息地接近你的猎物，伪
装都是良策。

与众不同

有时候，与众不同是更好的选
择。如果你想寻找配偶，或是
警告敌人你不是好惹的，把自
己弄得绚丽多彩可能是个办法。

适应

最重要的生存技能不是体力或脑
力——而是适应变化的能力。通
过进化适应环境是在深处繁衍生
息的最佳方式。我们能够适应这
个变化的世界，并茁壮成长吗？

词汇表

棒旋星系： 中间由恒星聚集组成短棒形状的旋涡星系。

翅痣： 又叫"翼眼"，指某些昆虫翅膀上的斑点。

古生菌： 又称"古菌"，旧称"古细菌"，是不同于细菌和真核生物（细胞内遗传物质由核膜包围）的第三类细胞生命类型。

核能： 通过核反应释放的能量。核能可转化为电能使用。

甲壳类动物： 具有坚硬外壳的动物，大多数生活在海洋里，少数栖息在淡水中和陆地上。对虾、龙虾、螃蟹都属于甲壳类动物。

进化： 生命在一代又一代的繁衍过程中由简单到复杂、由低级到高级逐渐发生变化。现存的所有生命个体都是从更早的生命类型进化而来的。

灭绝： 整个物种消亡殆尽，致使该种类的动物、植物或其他生命体在地球上绝迹。

破译： 弄懂难以阅读或理解的东西。

神经元： 亦称"神经细胞"，是神经系统的主要细胞，在体内广泛分布，通过电信号传递信息。

食腐动物： 以死去或腐烂的动植物体为食的动物。

外周神经： 包含脑神经、脊神经以及它们的分支。神经系统广义上可分为中枢神经系统（脑和脊髓）和外周神经系统。

微生物群： 共同生活在特定环境中的微生物（如细菌、病毒、真菌等）集合。

细菌： 单细胞的微小原核生物（细胞内遗传物质没有膜包围），可以在各种自然环境中找到。

有机体： 具有生命的个体的统称，包括动物、植物和微生物。

幼虫： 从虫卵孵化后还未变为成年形态的幼小昆虫。毛毛虫就是蝴蝶的幼虫。

真菌： 能产生孢子，无叶绿体的真核细胞型的微生物。菌菇、松露、霉菌、酵母等都属于真菌。

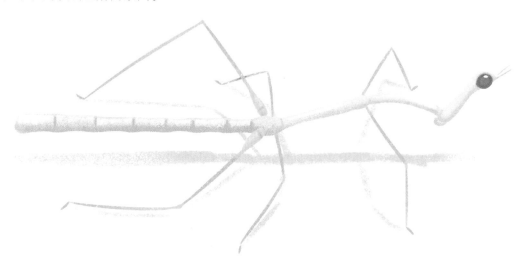

索引

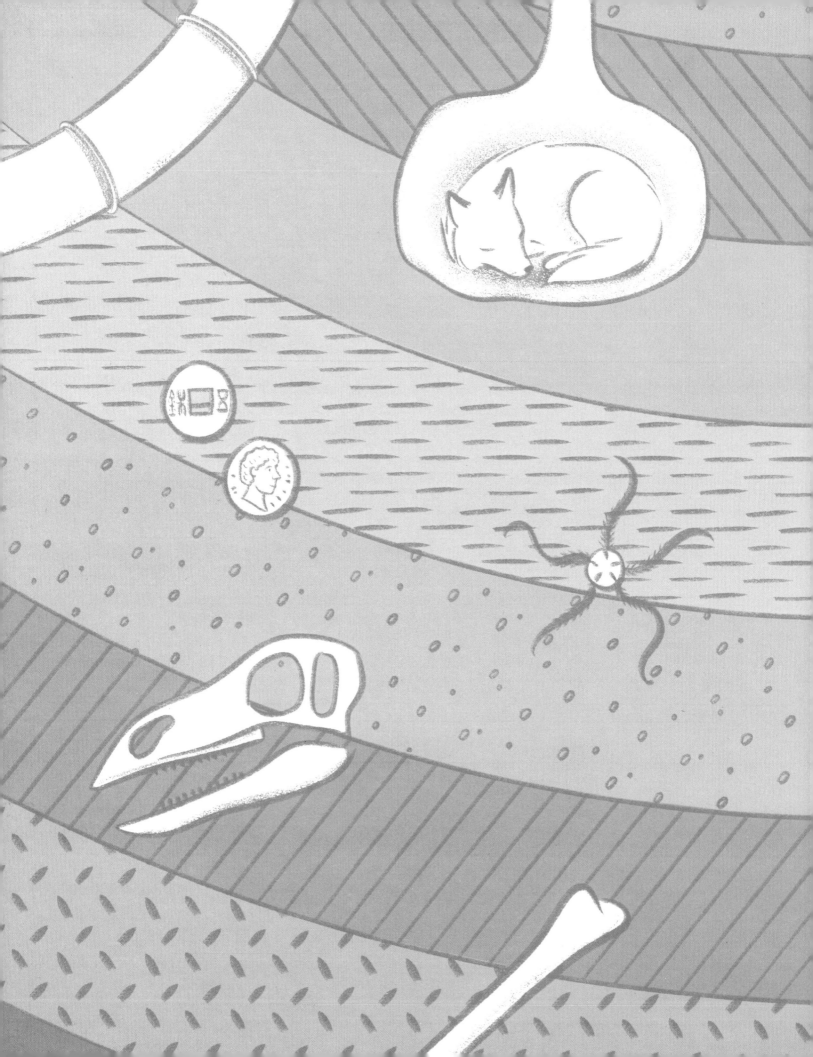